开动物理

光

童牛◎著

天地出版社 | TIANDI PRESS

图书在版编目（CIP）数据

光 / 童牛著. —成都：天地出版社，2023.5
（开心物理）
ISBN 978-7-5455-7575-0

Ⅰ.①光… Ⅱ.①童… Ⅲ.①光学—少儿读物 Ⅳ.
①O43-49

中国版本图书馆CIP数据核字（2023）第012311号

光
GUANG

出 品 人	杨　政
著　者	童　牛
责任编辑	李红珍　赵丽丽
责任校对	张月静
平面设计	魔方格
责任印制	刘　元

出版发行	天地出版社
	（成都市锦江区三色路238号　邮政编码：610023）
	（北京市方庄芳群园3区3号　邮政编码：100078）
网　址	http://www.tiandiph.com
电子邮箱	tianditg@163.com
经　销	新华文轩出版传媒股份有限公司

印　刷	三河市兴国印务有限公司
版　次	2023年5月第1版
印　次	2023年5月第1次印刷
开　本	710mm×1000mm　1/16
印　张	8
字　数	128千
定　价	168.00元（全6册）
书　号	ISBN 978-7-5455-7575-0

咨询电话：（028）86361282（总编室）
购书热线：（010）67693207（市场部）

如有印装错误，请与本社联系调换。

前言

　　对世界充满好奇心和想象力，这就是科学探索的原动力！

　　其实，任何伟大的发现都是从无到有、从小到大，从零开始的！很久以前，苹果落到了地上，如果牛顿一点儿也不好奇，怎么能发现神奇的万有引力？如果列文虎克不仔细观察研究牙齿上的污垢，又怎会发现细菌呢？

　　雨珠为什么能够连成线？声音撞到墙为什么会返回来？光的奔跑速度会改变吗？霓虹灯为什么能放射出七彩的光芒？……原来，声、光、电、力，还有水和空气，这些司空见惯的事物都蕴藏着无穷的奥秘。

　　"开心物理"系列丛书精心编排了200余个科学小实验，它们的共同点是：选取常见的实验材料，运用简便的方法，收到显著的效果。实验后你就会发现，物理真的超简单！科学真的超有趣！

　　哈哈，来吧，让我们一起到位于郊外的克莱尔家里，与调皮又聪明的猫咪艾米一起，动手做实验、动脑学科学吧！

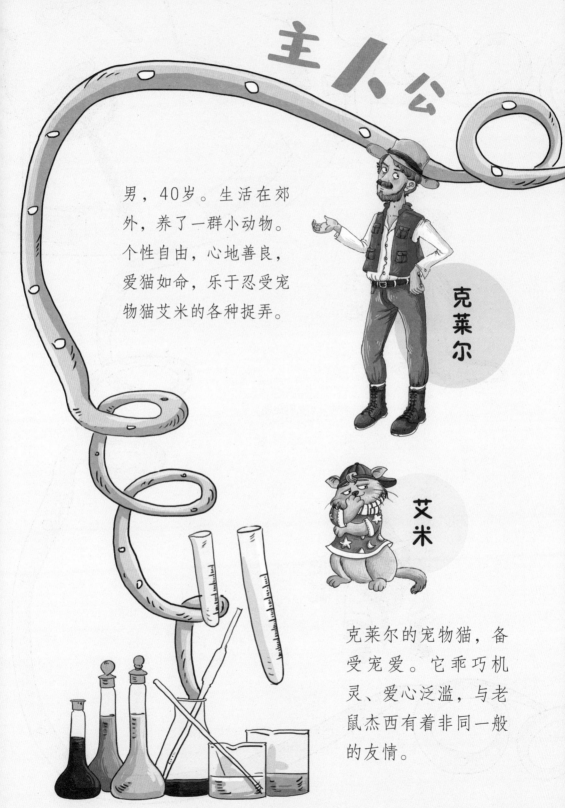

主人公

男，40岁。生活在郊外，养了一群小动物。个性自由，心地善良，爱猫如命，乐于忍受宠物猫艾米的各种捉弄。

克莱尔

艾米

克莱尔的宠物猫，备受宠爱。它乖巧机灵、爱心泛滥，与老鼠杰西有着非同一般的友情。

1

杰西

一只老鼠，贼头贼脑，偷吃偷喝，但是本质不坏，犯错之后会忏悔。

尼克

一只凶猛的斗牛犬，常与老鼠杰西为敌，却拿艾米没办法。

目录

袜子里的"萤火虫"

你需要准备：

一粗一细两根吸管
剪刀
细绳
手电筒
一只厚一点的黑袜子

实验开始：

1. 用剪刀把粗吸管一端的管壁剪成细丝状，另一端不要剪开；

2. 细吸管照样剪，剪好之后按图中所示插到粗吸管内；

3. 用细绳将吸管剪成细丝状的部分捆起来，就像扎扫帚把儿那样；

4. 把吸管剪成细丝的一端塞进黑袜子；

5. 把手电筒也塞进袜子，将它贴在没剪开的那端吸管上；

6. 打开手电筒，观察光束走向。

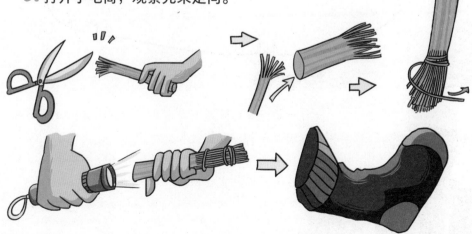

有趣的现象：

两根吸管被剪又被捆，还被塞进袜子，手电筒也被黑袜子罩起来了，真看不出这变的是什么戏法。但是，当打开手电筒的一刹那，你会发现从袜子里透出很多亮点。

亮点！哪儿来的亮点？难道袜子里藏了萤火虫吗？

哈哈，袜子里的确有一只只"萤火虫"，它们就藏在吸管里！手电筒发出的光沿着吸管传播，传到尽头的时候就会骤然变亮，这是因为光在吸管中的传播与在空气中的传播速度不同，角度也不相同，从而形成的一种全反射现象。

知识链接

光纤就是光导纤维，它是一种光传导工具，其基础材料多为玻璃或塑料。光在光导纤维中传导，比电在电线中传导的损耗要低得多。所以，目前长距离信息传递大多采用了光纤技术，例如宽带网络。

"自然界里也有因为全反射形成的奇景，比如一部分海市蜃楼形成的原因，就是光的全反射。"

"海市蜃楼？我都没有见过呢，什么时候才能看到海市蜃楼啊？"

"海市蜃楼的确难得一见，因为它的出现需要特殊的环境条件，比方说某一地点，垂直方向的空气温度发生急剧的变化。"

"不明白，还是不明白！"

"看来我得举个关于沙漠的例子了——炎炎烈日的正午，地面的沙子一定会被烤得滚烫，这时沙漠上部的空气还来不及升温，所以冷热两种空气交界的地方，光的传播路径会发生变化。"

"这样就能看到海市蜃楼了吗？"

"没错，当远处物体反射的光到达冷热空气交界的地方，蜃景往往就容易出现。"

抓狂的尼克

你需要准备：
冰糖
玻璃杯
筷子

实验开始：

1. 将冰糖装进玻璃杯，大半杯即可；

2. 关好门窗，拉上窗帘，尽量让屋内变暗；

3. 用筷子快速搅动杯中的冰糖，观察糖块的状况。

有趣的现象：

透明的冰糖块装进玻璃杯，本来没有异样。但是，当室内变暗，你再用筷子快速搅动糖块的时候，它们竟然冒"火"了！

天哪，克莱尔，是你把糖块惹生气了，对不对？

冰糖一旦受到猛烈的撞击，表面就会产生一种高能分子，这种分子的性状极其不稳定。其实你也可以这样理解，搅得越快，高能分子越着急，急了就要释放能量，于是冰糖就发出了一道道亮光。

知识链接

冰糖是以砂糖为原料，通过结晶工艺制成的，自然情况下生产出来的冰糖会呈现白色、微黄色或淡灰色。如果你真的见到了五颜六色的冰糖，那说明它们被添加了色素。

老鼠杰西偷了一块"冰糖"，正准备吃。"杰西慢点吃，不然冰糖会冒'火'的！"艾米对杰西说。艾米想想会冒"火"的冰糖，忍不住叮嘱道。

"汪汪！可找到你了，杰西，快说，我的饼干哪儿去了？"尼克咆哮着跑了过来。

"尼克，这是块冰糖，我正准备送给你呢！"杰西丢下"冰糖"，扭头就跑。

尼克不分青红皂白，咔嚓咔嚓地嚼起"冰糖"，过了一会儿他就开始狂叫。

"唉，嚼那么快，一定是被火烧了舌头。"艾米望着抓狂的尼克，自言自语道。

"艾米，你看到我的小石头了吗？就是那块透明的小石头。"克莱尔从外面走进来，问道。

嘿嘿，原来尼克吃的不是冰糖，而是克莱尔的石头。

我会倒立

你需要准备：

刷子
蓝墨水
有盖的鞋盒
5厘米×10厘米的磨砂玻璃
锥子
裁纸刀
玩偶
尺子
铅笔
透明胶带

实验开始：

1. 在鞋盒短边一侧裁出一个洞口，长宽约为4.9厘米×9.9厘米；

2. 用锥子在鞋盒洞口对侧钻个孔，直径应小于5毫米，位置处于洞口正中；

3. 用刷子蘸取墨水，将鞋盒内壁全部涂蓝；

4. 墨水干透之后，将磨砂玻璃粘在鞋盒的方洞口上，盖上盖子；

5. 将玩偶放在磨砂玻璃正对着的鞋盒外；

6. 通过小孔观察磨砂玻璃上的影像。

有趣的现象：

揭揭眼睛再看，鞋盒之外的玩偶的确坐得很端正。但是，只要你对着小孔观看，就会发现磨砂玻璃上面显现的玩偶很奇怪。对，它在倒立！

为什么是倒着的？难道我眼花了吗？

哈哈，你可没有眼花，小玩偶真的在倒立！是光线改变了影像，因为玩偶头顶的光投到了玻璃底部，而它底部的光投到了玻璃顶部，所以我们眼中出现了倒立的图像。没错，照相机就是依照这个原理照相的。

知识链接

医院的X光机、CT机以及某些天文观测设备，其实都是照相的工具。只不过X光的波长更短，能量更强，所以它才可以穿过肌肤，透视人体骨骼以及内部脏器。

"好了，克莱尔，快喊'茄子'！"艾米要给克莱尔拍张照片，还要他喊茄子以便它捕捉微笑。

"相机里的克莱尔为什么不是倒立的？你不是说相机和那个小孔成像的原理是一样的吗？"艾米问。

"没错，投射到相机感光元件上的影像的确是倒立的，但是，相机里的反光镜会把影像正过来，然后再投在显示屏上，所以我们看到的影像就是正的了。"

小水滴里的大世界

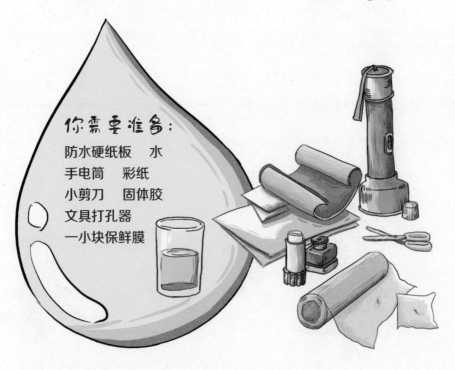

你需要准备：

防水硬纸板　水
手电筒　彩纸
小剪刀　固体胶
文具打孔器
一小块保鲜膜

实验开始：

1. 用打孔器给硬纸板打个孔；

2. 小孔周围涂上固体胶，把保鲜膜粘在孔上；

3. 将纸板翻过来，粘保鲜膜的一面朝下；

4. 向贴了保鲜膜的孔洞滴水，摇晃纸板，确保水将小孔填满；

5. 用彩纸剪一朵小花，放在桌面上；

6. 一只手端起纸板，将填满水的孔洞对准小花；

7. 另一只手拿手电筒，让光对着孔洞；

8. 上下移动纸板，透过孔洞观察小花的变化。

有趣的现象：

　　或许你觉得那个洞没什么了不起，它本来就很小，况且又被保鲜膜和水珠给挡住了。但是，当你不断调整纸板的位置，神奇的画面出现了。没错，小纸花变大了！

哇，花变大了！这是真的吗？

　　准确地说，是水珠将纸花放大了！因为保鲜膜托起的小水滴，现在就是个中间厚周边薄的凸透镜。调整纸板的距离就相当于调整凸透镜的物距，所以，纸花不仅变得清晰可见，而且看起来更大了。

"什么是焦距呢，克莱尔？"

"焦距嘛，简单地说，焦距就是光线焦点与凸透镜中心之间的距离。"

"哦，照相机的镜头上也有个凸透镜对吗？"

"没错，相机的确是利用凸透镜给我们拍照片的。"

"凸透镜有焦距，所以照相机也有焦距对不对？"

"太对了，其实照相机的焦距指的就是从它的镜片中心到成像屏幕之间的那段距离。"

放大镜的鬼把戏

你需要准备:

放大镜
纽扣
一盆水

实验开始:

1. 用放大镜观察纽扣;

2. 把纽扣丢进水里;

3. 再次用放大镜观察纽扣的状态。

有趣的现象：

或许你坚定地认为，放大镜下面的纽扣一定会变大。但是纽扣放入水盆之后，你的想法完全被颠覆了。对，尽管放大镜使出浑身解数，水下的纽扣依然保持原来的大小。

咦，为什么不能放大了？克莱尔，你确定它是真正的放大镜吗？

哈哈，放大镜可不是假的！因为放大镜的放大效果是通过光速的差异实现的，但是光在水中的传播速度变慢了。其实你也可以这样理解，不同角度传来的光线穿过透镜到达水盆，它们都要寻找扣子，结果奔跑的速度差不多，在这种情况下，就没有放大效果了。

知识链接

丹麦天文学家罗默、荷兰物理学家惠更斯、英国天文学家布拉德莱……许许多多的大科学家都曾经测过光速，但是得出的结果各不相同。后来人们终于发现，光线在不同介质中传播的速度是不同的。目前学界比较认同的数据是光在真空中传播的速度约为300000千米/秒。

"不对猫王，我还是很饿很饿。"杰西说。

杰西吃掉了用放大镜看的爆米花，可是仍然没吃饱。

"爆米花根本没变大！克莱尔，放大镜骗人了对不对？"

"没错，放大镜就是骗人的，因为它让我们看到了放大的虚像，也就是假象。"

"放大镜为什么能放大物体呢？"杰西问。

"那是因为通过放大镜的光线会发生折射，其实放大镜也可以显现缩小或者等大的图像。"

"咦，缩小的或者一样大的，我怎么没看过？"

"只要调整放大镜与物体之间的距离，就能看到大小不同的图像了。"

搞怪大王是个勺

你需要准备:

两块硬纸板
一把光亮的金属勺子
笔
圆规
两本厚书
夹子

实验开始:

1. 用圆规在其中一张纸上画个圆,圆的直径不要超过勺子最宽的地方;

2. 用两本厚书夹住勺子把儿,让它立起来;

3. 用夹子夹住画过圆的纸板,把它立在勺子凹面之前;

4. 调整夹子与纸板的位置,确保圆形能够正对着勺子;

5. 观察勺子上的画面。

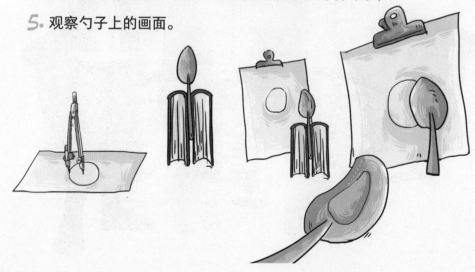

有趣的现象：

勺子真是搞怪大王，好端端一个圆圈，竟然被它照得变了模样。确切地说，勺子照出来的圆变小了，形状也发生了变化。

圆圈好像不圆了？克莱尔，难道你给它变形了吗？

哈哈，圆圈变形了，那是因为它照错了镜子！勺子凹进去的一面相当于一个凹面镜，它有聚光的作用。这个凹面镜凹的深度越大，它所映照的物体变形的幅度也会越大。

知识链接

凹面镜可以会聚光线，其中也包括太阳光。太阳灶就是依据凹面镜聚光的原理制成的，这种产品生产及使用成本相对低廉，但聚热效能很高，而且非常环保，特别适宜在光照强烈的高原地区使用。

"克莱尔，太阳灶能给我煎小鱼吗？"艾米问。

"当然啦，烧水、煮饭全都行，其实电磁炉能做的事情，太阳灶也能做。"

"阴天了怎么办呢？阴天见不到太阳难道就得饿肚子？"

"不用担心，新一代的太阳灶是可以储备能源的，晴天时把太阳能存在'身体'里，阴天时再用就可以了。"

家里的电影院

你需要准备：

手电筒
透明描画纸
细绳　放大镜
一面白墙
电视机

实验开始：

1. 用描画纸和细绳把手电筒的头包裹好；

2. 拉上窗帘，尽量让室内光线变暗；

3. 打开电视机；

4. 一手拿打开的手电筒，一手拿放大镜；

5. 放大镜在前，手电筒在后；

6. 走到电视机前，让手电筒的光透过放大镜照到电视画面上；

7. 身体不要挡住电视画面，扭过头，观察电视对面的墙壁。

有趣的现象：

你可能会觉得，用手电筒照照放大镜和电视机是个平淡无奇的动作。事实上，电视对面的墙壁会告诉你，一个被放大的画面已经出现了。对，就像放电影一样！

哇，墙上有电视画面了！克莱尔快说说，你是怎么把电视画面变到墙上的？

这是放大镜的功劳。手电筒发出的光照到了电视机屏幕上，又通过放大镜折返回来投射到对面的墙壁上，所以图像被放大了，这和投影仪的工作原理差不多！

知识链接

如果你在黑暗的屋子里点燃一根蜡烛，并且靠近烛火，一种简单而奇妙的游戏就可以开始了。只要不停变换手的动作，兔子、小鸟……各种栩栩如生的影子就会出现在墙壁上，这就是手影。

"你想不想吓跑大老虎？"艾米问杰西。

"别开玩笑了猫王，我也就只能吓吓蚂蚱罢了。"

"跟我走。"艾米把杰西领到了黑黑的仓库里，然后打开手电筒照着杰西。

"哇，那是谁呀？"嘿嘿，墙壁上出现了一个巨大的老鼠的身影，杰西差点吓晕了。艾米得意地笑了。

太阳公公搞破坏

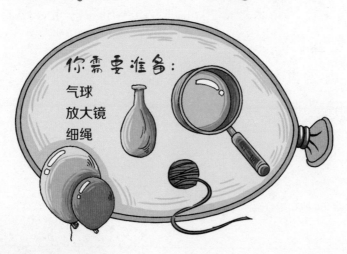

你需要准备：

气球
放大镜
细绳

实验开始：

1. 吹起气球，不要吹得太大，用细线把口扎紧；

2. 找个阳光充足的地方将气球放下；

3. 在气球边把放大镜固定；

4. 保证固定好的放大镜能在气球上照出一个亮点；

5. 跑远一点儿，捂上耳朵，慢慢等待，观察气球的状况。

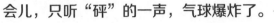

有趣的现象：

热辣辣的阳光照在气球上，看起来没什么特别。可是过了一会儿，只听"砰"的一声，气球爆炸了。

哇，爆炸了！克莱尔，不要怀疑我，我真的没碰到它呀！

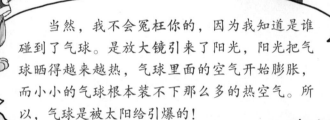

当然，我不会冤枉你的，因为我知道是谁碰到了气球。是放大镜引来了阳光，阳光把气球晒得越来越热，气球里面的空气开始膨胀，而小小的气球根本装不下那么多的热空气。所以，气球是被太阳给引爆的！

知识链接

热气球主要是由球囊、吊篮和加热装置三部分构成的。球囊通常以强化尼龙为原料制成，这种材料质量很轻，但质地非常结实。

"勇敢的杰西，你敢抱着这个球吗？"

"球？这个球咬人吗？"

"不咬人！"艾米摇摇头说。

"我抱着它干吗？有这工夫不如出去找点吃的。"

"傻杰西，这个球的肚子里有六颗花生，我刚刚塞进去的，不信你听——"

艾米晃了晃它的玩具藤球，杰西透过藤球的缝隙果然看到了花生。

"尊敬的猫王，让我把花生取出来！"

"不许咬破我的球！"

"那怎么办？"

"给你放大镜，用它对着阳光照着球——球爆炸了，花生就出来了。"

杰西拿着放大镜，一动不动地照着那个藤球。

"克莱尔，那个球为什么还不爆炸呢，它怎么这么结实？"

"因为那个球满身是洞，里面根本存不住热气，它怎么能爆炸呢？"

"哦，原来是这样。"

安全火柴不安全

你需要准备：

一个外表平滑的大肚子
　玻璃瓶
水
安全火柴
小镜子

实验开始：

1. 把水灌进玻璃瓶，不要灌太满；

2. 找个阳光充足的地方，把玻璃瓶放下；

3. 将小镜子放在瓶子前面；

4. 调整镜子与瓶子的位置，确保阳光透过瓶中的水，在镜面上投下一个清晰的亮点；

5. 将火柴头放在亮点上；

6. 过一段时间，观察火柴的状态。

有趣的现象:

安全火柴当然不会轻易着火了,但是眼前的情形似乎有点出乎意料。没错,虽说在小镜子照出的亮点上停留不是很久,火柴头却冒火了!

哇,着火了着火了!克莱尔,安全火柴不安全了吗?

放心,安全火柴仍旧是安全的。大肚子玻璃瓶有聚光的作用,镜子上的亮点可不是一般的亮点,那是玻璃瓶的焦点。这个焦点带着太阳的温度,足以将火柴点着!

知识链接

简单地说,光聚焦就是通过一定手段控制一束光线,使其尽可能会聚到某一个点上。经过聚焦的光不仅亮度增强,而且聚集了较高的热量。凸透镜就是一种最常见的聚光仪器。

26

“你想吃烤红薯吗？”艾米问杰西。

“哎哟，尊敬的猫王，我能吃上生红薯已经不错了。”

“可怜的杰西，我保证今天一定让你吃上香喷喷的烤红薯！”

艾米把一瓶水放到了太阳底下，又把一个小镜子立在水瓶旁边。

“啊，用这玩意儿烤红薯？”

“虽然它不能烤红薯，但是它能点着火柴呀，有火柴就有篝火了！”

“猫王，咱们可以去树下玩吗，我要被晒死了！”

“克莱尔，火柴为什么还没点着？”艾米疑惑不解。

“那是因为太阳根本没照到它，你在树荫下烤的火柴对不对？”

艾米耸耸肩，说：“是的。”

镜子上当了

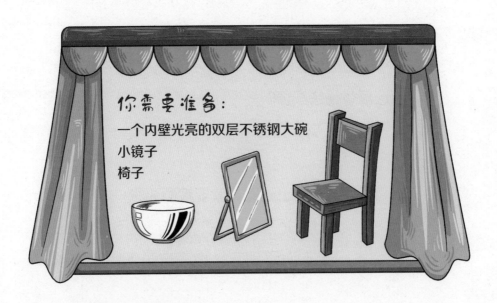

你需要准备：
一个内壁光亮的双层不锈钢大碗
小镜子
椅子

实验开始：

1. 把椅子搬到朝阳的窗口；

2. 想办法把大碗立在椅子上，碗口朝向窗口；

3. 将小镜子立在窗边，让镜面斜对碗口；

4. 调整镜子和碗的位置，观察小镜子里的图像。

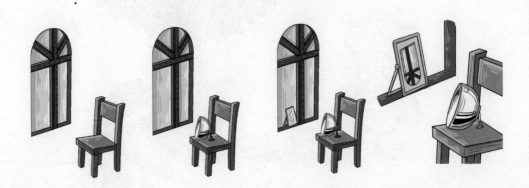

有趣的现象：

你一定想不出来，这时候你如果站在镜子面前照一照，就会照出一副头朝下的怪模样。就像现在，窗边的小镜子里就显现了倒立的窗子！

哇，窗子倒过来了，但是窗子明明没在照镜子啊，它的倒影到底从哪儿来的？

哈哈，镜子被骗了，它相信了大碗的话，认为窗子真是倒着的！这是因为大碗凹陷的表面无法将接收到的光线原路送回，于是不得已制造了一个假象。

知识链接

耐磨、轻便、不易破损……不锈钢餐具的优点真不少，但是它们也不是无所不能的。比方说，醋就不可以长期存放在不锈钢容器内，因为醋具有一定的腐蚀性，它会与不锈钢发生反应，继而生成某些有害物质。

"快看，克莱尔！戴眼镜的小孩，他近视对不对？"

艾米指着图画书问，因为它看到了戴眼镜的哈利·波特。

"没错，哈利·波特是一个近视眼的小男孩！"

"近视为什么要戴眼镜？"

"戴眼镜是为了看清远处的物体。近视镜是一种凹透镜，它可以通过发散光线的方式，让物体的影像更准确地落在佩戴者的视网膜上。"

眼见不一定为实

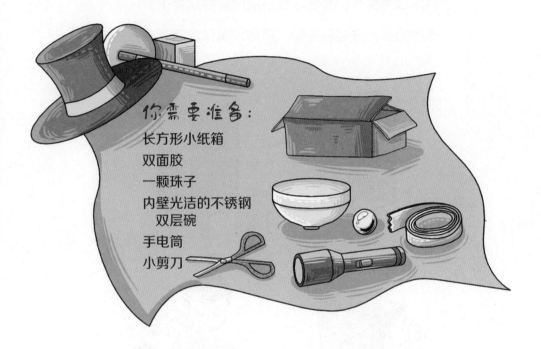

你需要准备：

长方形小纸箱
双面胶
一颗珠子
内壁光洁的不锈钢
　双层碗
手电筒
小剪刀

实验开始：

1. 把小纸箱的一面完全敞开；

2. 剪下一段双面胶，用它把珠子吊在纸箱窄边一个面的内壁上；

3. 找个光线较暗的角落，把敞开的纸箱立在水平面上，确保珠子
呈吊起状态；

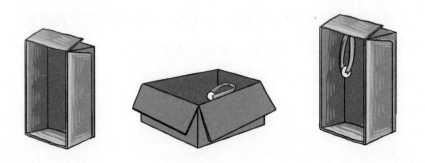

4. 想办法让碗立起来，碗口正对纸箱开口；

5. 打开手电筒，让光从珠子侧面照过去；

6. 调整碗口的位置，直到小珠子被映照在碗壁上；

7. 从纸箱的后上方观察碗壁，然后按照你的直觉去触摸珠子。

有趣的现象：

我们都知道眼见为实的说法。但是，当你按照那个碗的指引，满怀信心想要摸到珠子的时候，奇怪的事情发生了。对，竟然没摸到！

珠子哪儿去了？难道它会隐身术吗？

哈哈，没有会隐身的珠子，只有虚幻的图像。那个碗让我们看到的是珠子的虚幻的图像，问题就出在观察珠子的角度上。你想想照镜子的时候会出现的状况，没错，镜子通常照出的都是左右颠倒的图像！

知识链接

我们最初听说隐形战斗机这种高科技武器时，可能会误以为是自己根本无法用眼睛看到它。事实上，隐形战斗飞机隐形的意思是高效吸收雷达电波，从而无法被追踪。

"哇，如果我能隐身，那我就可以溜进商店大吃大喝了！"杰西兴奋地说。

"是的，不过需要我帮帮你。"艾米说。

杰西在艾米的指挥下，钻进了一个纸箱子。然后，艾米举着手电筒对着装有杰西的箱子左照右照。

"哦，尊敬的猫王，你还能看见我吗？"杰西问道。

"哈哈，你竟然自投罗网了！"克莱尔好像从天而降，他一把就抓起了纸箱子，连同杰西一起丢了出去。

"克莱尔，杰西隐身了对不对？"艾米问。

"没错，你把杰西装进了四面不透明的箱子，所以它隐身了。"

万花筒诞生记

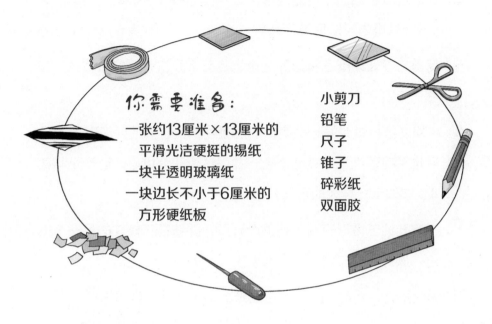

你需要准备：

一张约13厘米×13厘米的
平滑光洁硬挺的锡纸
一块半透明玻璃纸
一块边长不小于6厘米的
方形硬纸板

小剪刀
铅笔
尺子
锥子
碎彩纸
双面胶

实验开始：

1. 以锡纸某一条边为参照，在纸面上画三条线，首条线与锡纸
   边缘距离为1厘米，其余两条线将剩余的12厘米等分；

2. 按照三条铅笔线条将锡纸折起来，折痕要笔直平整；

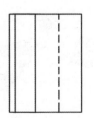

3. 调整折痕位置，将锡纸变成一个三棱柱，并用双面胶将三棱柱粘起来；

4. 在玻璃纸上画一个正三角形，边长比三棱柱底端的三角形的边长长出1厘米，然后剪下来；

5. 用剪刀在玻璃纸三角形三个角上各剪个开口，折叠后粘在三棱柱一个底上；

6. 将碎彩纸投进封好一个底口的三棱柱，使它们落到玻璃纸上；

7. 用锥子在硬纸板中央钻个孔，并以这个孔为中心，剪一个与第4步玻璃纸一样大的正三角形；

8. 把有孔的三角形三个角各剪个开口，并粘在三棱柱的另一个底上，圆孔正对三角形的中心；

9. 朝向阳光，转动三棱柱，通过纸板的小孔观察内部情况。

有趣的现象：

碎彩纸放在桌子上，不会引起人们的关注。但是，当把它们放进锡纸做成的"新家"里，这些碎彩纸就华丽大变身了。每次转动纸筒，其中都会变换不同的景象！

变了变了！克莱尔，碎彩纸为什么学会了跳舞？

是光让纸片掌握了绝佳的舞技，越转越惊喜！锡纸做成的三棱柱内部实际上拥有了三面镜子，它们反射的光线照到纸片之后，还会发生反射，从而形成各种奇妙的图案。一个万花筒就这样诞生了！

知识链接

万花筒是一种光学玩具，它的核心装置就是一个三块玻璃镜片组成的三角柱形，将彩纸之类的小碎片投入管筒内，就可以透过小孔看到其中变化万千的图像。其实，万花筒里的图景就是光的反射所形成的奇妙画面。

"杰西也可以变成三头六臂！"艾米告诉杰西。

"算了，尊敬的猫王，那副怪样子会把我妈吓坏的。"

"别胡思乱想，我说的可不是真的三头六臂。"

艾米用三面镜子把杰西围了起来，然后通过镜子的缝隙指挥杰西。

"转圈转圈，跳个舞吧，杰西！"

哇，镜子里果然有好几个乱蹦乱跳的杰西，这可太好玩了。

"三面镜子粘在一起就变成了三棱镜吗，克莱尔？"

"不是的，真正的三棱镜是一个通体透明的三棱柱。"

艾米大变脸

你需要准备：

穿衣镜
手电筒
一张黑纸
一张白纸

实验开始：

1. 拉上窗帘，尽量降低屋子的亮度；

2. 找个光线昏暗的角落坐下来，把穿衣镜摆在面前；

3. 用黑纸挡住自己的右半边脸，纸与脸的距离约15厘米；

4. 左手举起手电筒，让光线照在鼻尖上，观察镜中脸的状态；

5. 将挡住右半边脸的黑纸换成白纸，继续观察镜中影像。

有趣的现象：

同样是用一张纸遮挡了自己的半边脸，但是黑纸和白纸的效果大不同。当手电筒的光照过来的时候，黑纸没有挡住的半边脸变黑了，而白纸没有挡住的半边脸却变白、变亮了。对，脸就像被纸染了色一样！

不好了，我的脸怎么变色了？克莱尔，这是为什么？

这全怪黑纸把亮光偷走了。手电筒把你的脸照亮了，但是黑纸并不能把亮光反射到脸上，所以镜中半边的脸变暗了。不过白纸却能将接收到的亮光反射到你的脸上，把脸照得更亮。

知识链接

光也是一种电磁波，不同颜色的光的波长是不一样的。通常来讲，人眼只能感觉到波长770～390纳米之间的光波，符合这个条件的光被称为可见光。

"哦，杰西的毛应该更黑一点。"艾米说。

"为什么，变黑有什么好处吗？"杰西疑惑地问。

"当然了，变黑的话，就连镜子都照不到你了！"

"那黑色的杰西可以混进厨房吗？"杰西问。

"试试看。"艾米建议道。

艾米找来一只黑袜子，杰西美滋滋地钻进了黑袜子。就这样，杰西刚打算对厨房的萝卜下手，就被克莱尔逮住了。

"克莱尔，为什么我变得那么黑都能被你抓到？"杰西不解地问。

"大白天混进厨房，能不被抓到吗？"

帅帅的艾米去哪儿了

你需要准备:
一张光滑平整的锡纸

实验开始:

1. 对着亮闪闪的锡纸照自己,观察锡纸上的影像;

2. 用双手揉搓锡纸;

3. 将皱巴巴的锡纸铺展平整,再次对着它照自己;

4. 继续观察锡纸中的影像。

有趣的现象：

光洁闪亮的锡纸能当镜子，但是，当锡纸被弄皱了之后，"镜子"就此罢工了。

天哪，帅帅的艾米不见了！克莱尔，你把锡纸镜子打碎了吗？

哈哈，镜面是通过反射光线照出影像的，但是经过揉搓的锡纸已经不再平整了。没错，你也可以把揉搓过的锡纸想象成一面打碎的镜子。

知识链接

古人曾经尝试过用许多种材料制作镜子，例如：金、银、水晶和铜。事实上，人类最早用的镜子是水面，一个洗脸的水盆就能当镜子照了。

"我给你变个魔术好不好？"艾米问杰西。

"那希望你能变个红薯给我尝尝。"杰西开心地说。

"红薯？没问题！红薯在那里，抓到就归你！"艾米指着水桶说。

"好吧猫王，你可不许反悔呀！"

只听"扑通"一声，杰西已经跳到了水桶里，可是水中的红薯却不见了。嘿嘿嘿，真正的红薯在艾米手里，而水中的红薯是影子。

"克莱尔，水面为什么能当镜子照呢？"艾米问。

"那是因为平静的水面发生了镜面反射，所以可以当镜子照了。"克莱尔回答。

一颗夜明珠

你需要准备：

安全火柴　蜡烛
废灯泡　　一盆水
手电筒　　隔热手套

实验开始：

1. 用火柴点燃蜡烛（在大人陪同下完成）；

2. 用戴手套的手拿起废灯泡；

3. 让灯泡停在烛火上方大约15厘米处熏烤，熏得越黑越好；

4. 让熏黑的灯泡自然冷却；

5. 拉上窗帘，在昏暗角落里把黑灯泡完全浸入水里；

6. 打开手电筒照水里的灯泡，调整角度，观察灯泡的状况。

有趣的现象：

屋中没有灯光，窗帘拉上了，角落里当然更昏暗了。但是，当手电筒照到黑灯泡的一刻，奇迹再次出现。对，黑黑的灯泡竟然发出了亮光！

夜明珠，灯泡变成了夜明珠！废灯泡变成了无价之宝对不对？

我也盼它能卖个好价钱，可是废灯泡还是废灯泡。被蜡烛熏黑的灯泡表面存在一层黑色的粉末，它会在灯泡和水之间形成空气层。如此一来，当手电筒照射水中灯泡的时候，光线会被它周围的空气层反射回来，看上去就像灯泡在发光一样。

知识链接

夜明珠学名叫作萤石，也就是含有发光物质的石头，常见黄绿、浅蓝、橙红等几种颜色。但是夜明珠须经过人工打磨，它们才可能绽放更加绚丽的光彩。

"克莱尔，我们把家里的灯泡全拆下来好不好？"艾米建议道。

"那天黑了怎么办？我会撞墙的！"

"用手电筒照黑灯泡，那样不就可以省电了吗！"

"可是手电筒要用电池，电池也要花钱买的。"

镜子遥控器

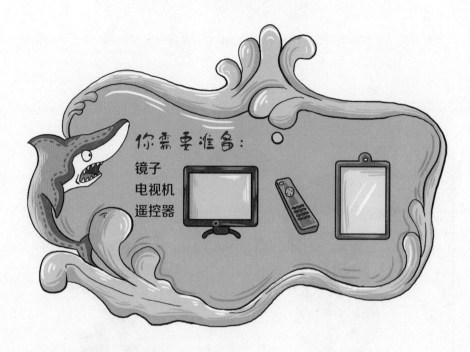

你需要准备:

镜子
电视机
遥控器

实验开始:

1. 打开电视机;

2. 将镜子立在电视机旁边,让电视机能够照到镜子;

3. 用遥控器对着镜子调频道;

4. 观察电视机的状况。

有趣的现象：

给电视机调频道要用遥控器，遥控器就要对着电视机，这似乎是天经地义的事情。没想到的是，当你对着镜子遥控电视机的时候，竟然也成功了！

为什么换台了，克莱尔？艾米要看呢！

别急，镜子还能调回来。因为遥控器是通过红外线控制电视机的，当我对着镜子按下遥控器的时候，红外线照到镜面上又被反射回来。你也可以认为，遥控器发出的红外线绕个弯再次被电视机接收了！

知识链接

红外线是一种热效应明显的电磁波，大量的红外线可能会灼伤人的眼睛。电焊工必须戴上面罩才能操作电焊机，正是为了防止眼睛被灼伤。

"红外线这么危险，我是不是应该远远躲开遥控器？"艾米躲在克莱尔身后说。

　　"不用担心，少量的红外线不仅不会伤害我们，反而还是生活中的好帮手呢。"

　　"帮什么？"

　　"比如商场的感应门、洗手池的感应器、医院的红外线治疗仪……红外线的用处可多了。"

　　炎炎的烈日底下，艾米把杰西埋在了沙坑里，只让它露出了一张脸。

　　"尊敬的猫王，能给点儿水喝吗？我快要渴死了。"杰西请求道。

　　"坚持一下，杰西，不要浪费太阳送你的红外线哦。"艾米回答。

　　"太阳送的什么线？我怎么没看见？"

　　"是红外线，它可以帮杰西增强抵抗力，做一只不生病的老鼠呢！"

镜子里的艾米不见了

你需要准备:

可移动穿衣镜
手电筒

实验开始:

1. 到一间漆黑的屋子里;

2. 把穿衣镜立在自己面前;

3. 打开手电筒,让光照到镜面,观察镜子里的状态。

有趣的现象：

在黑屋子里照镜子真是件难事，尽管手电筒发出了亮光，亮光也照到了镜子上，但是你并没出现在镜子里。换个方法，用手电筒照自己，镜子反倒好用了。

天哪，我去哪儿了？克莱尔，镜子里为什么照不出我了？

这就是奇妙的镜面反射。当手电筒的光照在平滑的镜面上，镜面反射就发生了，但是这种光会向四面八方发散，很难全部进入眼中。

知识链接

穿衣镜特指可以照见全身的大镜子，它可以帮我们观察穿在身上的衣服是否美观得体。不过，如今已经有人研制出了"隔空穿衣镜"，这种技术可以真实模拟一件衣服穿在我们身上的效果，从而省去了不断进出商场试衣间的麻烦。

"快看艾米，看看镜子里有没有你？"

还是刚才那间黑屋子，克莱尔举着手电筒，不照镜子照艾米，这回艾米重新出现在镜子里了。

"哇，还是帅帅的艾米！克莱尔，你把镜子修好了吗？"

"哈哈，镜子根本就没坏！由于你的身体是凹凸不平的，所以手电筒的光照在身上，光会从不同角度反射回来，这种情形才有利于眼睛看清物体！"

小行星眨眼睛

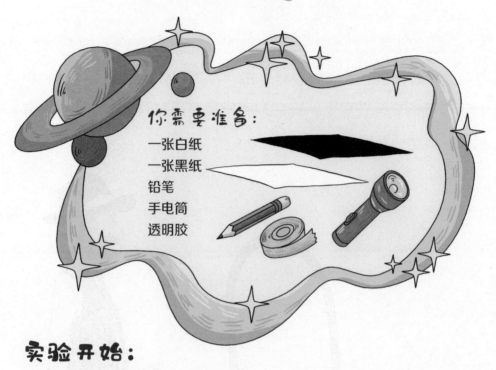

你需要准备：

一张白纸
一张黑纸
铅笔
手电筒
透明胶

实验开始：

1. 到一间黑屋子里；

2. 用透明胶把白纸粘在墙壁上；

3. 揉搓黑纸，把它变成一个比较蓬松的纸团，把这个黑纸团固定在铅笔上；

4. 站到墙上的白纸旁边，一手举起手电筒，让它发出的光与白纸呈45°；

5. 另一只手举着顶着纸团的铅笔，不断转动铅笔，观察白纸上画面的变化。

有趣的现象：

一个皱巴巴的黑纸团，看起来真该丢进垃圾桶。但是当它在你手中旋转的时候，却把闪耀的光辉投到了白纸上。

一闪一闪像星星，克莱尔，那个纸团为什么会闪光呢？

哈哈，闪光的纸团就像一颗小行星。因为黑纸团的表面凹凸不平，而凸起与凹陷处的反光效果是不同的。天上星星眨眼睛就是这个道理。

知识链接

行星通常指的是位于太阳系之内，环绕太阳运行的近似球形的天体。小行星也是绕太阳运行的天体，只不过它们的体积比较小，很难被观测到。1801年的一天，意大利天文学家皮亚齐首次发现了小行星的踪迹，那就是谷神星。不过2006年谷神星被正名为矮行星。

"星星都会眨眼，但月亮为什么不眨眼呢，克莱尔？"

"因为那些眨眼的星星在我们看来比较小，至少比月亮小多了。"

"大的不闪小的闪，这是什么道理？"

"因为不论星光还是月光，穿过大气层的时候都会受到各种杂质的干扰。"

"干扰又怎样？"

"受到了干扰，反射的光时常就会被干扰物挡住，于是出现了一闪一闪的现象。"

阴影的变化

你需要准备：

台灯
铅笔
气球
透明胶
细绳

实验开始：

1. 把台灯安放好，让灯泡可以照到自己的头；

2. 吹起气球，直径大约10厘米，用细绳把口扎紧；

3. 用透明胶把气球嘴粘到铅笔上；

4. 走到距离台灯约半米远的地方，拿起气球，将它举到耳朵的位置；

5. 慢慢移动气球，使其绕头转一周，同时观察气球上阴影的变化。

有趣的现象：

气球转动的同时，你观测到了阴影的奇妙变化，它从无到有——由小变大——由大变小，最后又消失了。满月到月牙就是这样的过程！

克莱尔，气球的阴影为什么会变化呢？

那是因为我们的头遮挡气球的面积发生了变化。气球转这一圈的过程中，头始终没有动，只有气球受到光照的面积不断发生着变化。

知识链接

月球俗称月亮，它是环绕地球运行的一颗卫星，也是距离地球最近的天体，月球与地球的平均距离约38.4万千米。

"快看克莱尔，你的影子看起来好奇怪。"

花园里，艾米望着克莱尔的影子，忽然发现了一个奇怪的现象，那就是影子上有的地方亮一点，有的地方暗一点。

"没错，我的影子颜色不均匀，它的确是明暗不一的。"克莱尔说。

"这是为什么？"

"那是因为从我们身上各个部分反射出去的光的强度不一样，反射光越强的部分影子颜色也会越淡。"

谁在前面挡着路

你需要准备:

柚子
粗的毛衣针
手电筒

实验开始:

1. 将毛衣针穿过柚子;

2. 找个漆黑的房间,打开手电筒,让光照到柚子上;

3. 慢慢转动穿过柚子的毛衣针,观察柚子的状态。

有趣的现象：

黑屋子里的黄皮大柚子，看起来真像个圆月亮，可是不论这个大柚子怎么转，手电筒都无法将它通身照亮。

我喜欢闪闪发亮的柚子。可是克莱尔，你的手电筒是不是该换个大灯泡了？

哈哈，不是灯泡不够大，只怪灯光不会拐弯。沿着直线传播是光的一种特性，所以物体背光的一面总是无法同时被照亮。因为阳光直射地球的区域有限，这才有了向光背光之分，并由此产生了昼夜更替的现象。

知识链接

整个地球只有两个特殊的地方，那里的太阳可以连续多日不落，或者连续多日没有太阳。没错，这两个特殊的地方就是南极和北极，连续不落日的现象称为极昼，多日不见太阳升起的现象则称为极夜。

"不对，克莱尔，光好像能照到玻璃背面。"

"没错，光的确能够穿透玻璃，所以我们才能透过玻璃看到窗外的景物！"

"克莱尔，阳光到底能穿过什么东西，它能不能穿过木头呢？"艾米问。

"光能不能穿透某种物质，与该物质的分子结构有关，简单地说，分子结构排列比较整齐的物质，透光性也会比较好。"

无敌无影手

你需要准备:
电视机

实验开始:

1. 打开电视机,站到电视屏幕前;

2. 伸出一根手指,在屏幕前快速晃动手指;

3. 盯着晃动的手指观察。

有趣的现象：

明明只伸了一根手指，但是当你对着电视屏幕快速晃动的时候，手指突然变多了，好像很多根手指交替晃动一样。

哇，好多根手指啊！克莱尔，你练成了神功是不是？无敌无影手！

哈哈，克莱尔还是无敌一双手，是电视画面让我们的眼睛出现了错觉。电视机每一秒钟都会播放几十幅图像，这样我们才能够看到持续不间断的电视节目，但是每个画面的明暗程度不一样，于是晃动手的影子出现了，看起来就像有好多根手指一样。

知识链接

红、绿、蓝三种颜色可以混合调配出其他颜色，其他颜色却不能配比出红、绿、蓝三种颜色，因此它们被称为三原色。所以，尽管彩色电视机的画面丰富多彩，而原始光源却只有红、绿、蓝三种颜色。

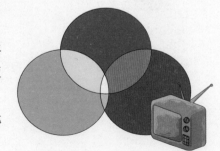

"想看动画片吗，艾米？"

"想看！可是动画片在哪儿，克莱尔？你连电视机都没打开。"

"快看，艾米，动画片在这里！"

克莱尔举着一把花花绿绿的雨伞给艾米看。

"雨伞不会演动画片，你骗人！"

克莱尔飞快转动伞柄，艾米盯着伞面看，果然，伞面上的图片连贯起来了。

"克莱尔，为什么伞面好像动画片一样动起来了？"

"其实真正的动画片也是由一个个独立画面组成的，只不过轮换速度比较快，所以在我们的眼睛看来，画面都是连贯的。"

照一照变化大

你需要准备：

一大张白纸
铅笔
橡皮泥
手电筒
记号笔

实验开始：

1. 把橡皮泥当底座，将铅笔竖直插在上面立起来；

2. 将橡皮泥和铅笔放在白纸上；

3. 拉上窗帘，尽量降低屋内的亮度；

4. 举起手电筒并打开，从不同角度照射铅笔，并标记影子的位置；

5. 观察不同角度射出的光的亮度。

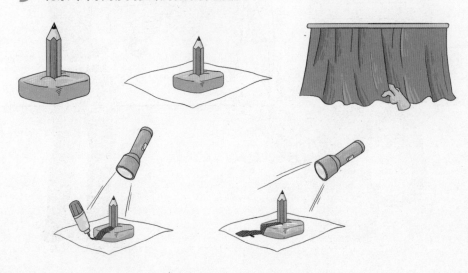

有趣的现象：

当光从铅笔尖儿照下来时，影子是很短的，但是投在纸上的光比较强。相反，当光线斜照铅笔的时候，影子长，光照弱。

哇，铅笔真是魔术师！影子能长又能短。克莱尔，你知道这是为什么吗？

光才是真正的魔法师，是它让影子变长又变短。光照弱时影子长，而光照强了影子会变短。你想一想正午的太阳，当它从头顶照下来的时候，我们的影子就是很短的。

知识链接

年复一年，地球沿着它的椭圆形轨道，绕太阳转圈圈，有的地方接受阳光直射，有的接受斜射。因此才有春夏秋冬的季节轮回。

"为什么会出现影子呢，克莱尔？"

"那是因为一部分光线被我们的身体挡住了。"

"如果没有光呢，没有光还会有影子吗？"

"没有光也就没有影子。你试试藏在被窝里，看看你的影子还在不在。"

两件衬衫的比赛

你需要准备：

一黑一白两件质地、大小、
款式相同的衬衫
一盆水
两个晾衣架

实验开始：

1. 将两件质地、大小、款式相同的衬衫同时浸入水盆中，完全浸
   泡约十分钟；

2. 将两件衬衫取出拧干，一同拿到阳光下晾晒；

3. 大约一小时后，观察两件衣服各自的干湿程度。

有趣的现象：

一黑一白两件质地、大小、款式相同的衬衫放在同一盆水里洗了个澡，假如它们两个一起被晾干，应该是很正常的。不过，你很快就会发现，黑衣服干得比较快。

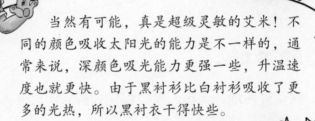

咦，黑衣服好像更干一点儿！这可能吗？是不是我的感觉出了问题？

当然有可能，真是超级灵敏的艾米！不同的颜色吸收太阳光的能力是不一样的，通常来说，深颜色吸光能力更强一些，升温速度也就更快。由于黑衬衫比白衬衫吸收了更多的光热，所以黑衬衣干得快些。

知识链接

1903年的一天，一艘开往南极的科考船被困在冰川当中，它就是"高斯号"。正当科考队员们心急如焚之际，有人想出了一个办法，就是把煤块等深色物品丢在冰雪之上，最终，黑色的煤块等吸来的热量很快就把坚冰融化了。

"狗房子刷新漆喽！加油，杰西！"艾米为刷漆的杰西加油。

"快点儿干活儿，油漆真的很快会干吗？我今晚可是要躺进去睡觉的！"尼克质疑道。

"放心，尼克，我们把你的房子刷成黑色就行了。克莱尔说了，黑色吸收阳光的能力特别特别强，所以油漆很快会被烤干的！"

"克莱尔，为什么尼克的房子还是湿漉漉的？"艾米不解地问。

"那是因为太阳已经落山了。"克莱尔无奈地说。

吹出七彩的光晕

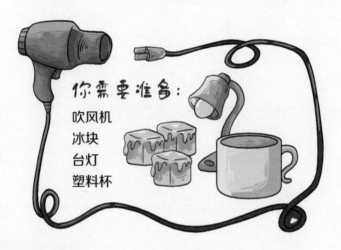

你需要准备：

吹风机
冰块
台灯
塑料杯

实验开始：

1. 将冰块放进塑料杯中；

2. 找个地方安放台灯，让灯泡的高度与你的眼睛大致平齐；

3. 把装有冰块的玻璃杯放在台灯下面；

4. 走到距离台灯大约0.5米远处，打开吹风机，对着装冰块的杯子吹热风；

5. 观察台灯灯泡的状态。

有趣的现象：

或许你以为台灯的灯泡一定不会有变化，但是伴随塑料杯里的水汽升腾，灯泡周围竟然现出了彩虹一样的光晕。

哇，彩色灯泡，像彩虹一样的灯泡！克莱尔快说，绘画大师在哪里？

哈哈，绘画大师就是杯子里钻出的水汽！当热风吹到凉杯子的时候，水汽开始向上蒸发，透过水汽的灯光会改变原有的传播路线，从而呈现出不同的颜色。月亮的彩色光环就是这样出现的！

知识链接

圆圆的月亮有时亮得像面镜子，有时它的周围还会出现七彩光环。其实七彩光环的出现是有条件的，那就是云层中一定要有足量的水滴或冰粒。这种现象叫作月华。

"快看，克莱尔，那个是月华吗，它为什么是白白的？"

艾米抬头看月亮，突然发现月亮周围有个白圈圈。

"那个不是月华，是月晕。"

"月晕？这是怎么回事？"

"当月亮周围有又高又薄的云的时候，形成的大光圈大多为月晕。"

隔缝观火

你需要准备：
一张白纸
裁纸刀
蜡烛
安全火柴
直尺
木板

实验开始：

1. 把木板垫在桌子上，白纸放在木板上；

2. 借助直尺，用裁纸刀在木板上的白纸上划出5条平行的缝隙，缝隙的宽度约为1毫米；

3. 点燃蜡烛，拉上窗帘，确保屋内光线足够暗；

4. 透过白纸上的缝隙观察烛火的状态。

有趣的现象：

一跳一跳的烛火，有的尖尖像杏仁，有的圆润像水滴……但是你或许从没想过，透过纸缝看到的烛火是这样的：对，它是X形！

天哪，怪火苗，一排怪火苗！克莱尔快告诉我，究竟发生了什么事情？

哈哈，从纸缝里观火，就是这样怪。烛光想要穿过细细的纸缝进入眼睛，可是刚要迈过"门槛"的时候却被切断了，所以被迫改变了前进的方向。由于我们在纸上划了5条缝隙，所以能看到5个X形火苗，这就是光的衍射现象。

知识链接

有种神奇的景观叫作"一线天"，就是两山挨得特别近，而身在两山中的人只能通过一条缝仰视蓝天。可以欣赏到"一线天"美景的名山有很多，例如峨眉山、华山、黄山，还有武夷山。

"光的衍射？克莱尔，衍射是什么意思？"

"衍射还有个旧称叫作绕射，就是光要绕着走的意思。"

"可是为什么会绕着走呢？"

"绕着走是因为遇到了障碍物，比方说光线撞墙了！"

"克莱尔撞到墙也会绕着走的对不对？"

"那当然了。"

画片躲猫猫

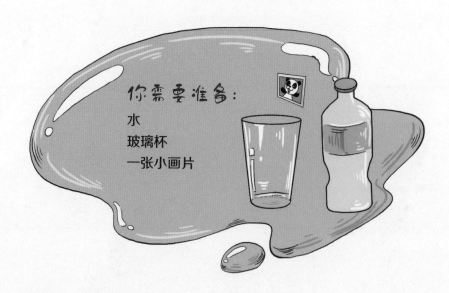

你需要准备：

水
玻璃杯
一张小画片

实验开始：

1. 把小画片压在玻璃杯底，分别从杯壁和杯口观察画片；

2. 将玻璃杯注满水；

3. 再次分别通过杯壁及杯口观察画片状况。

有趣的现象：

你很清楚小画片就压在杯子底下，当杯子空着的时候，不论从哪个角度都能看到它。但是，当杯子被水填满之后，透过杯壁已经无法看到完整的画片了。

哇，画片在躲猫猫！克莱尔，为什么我只能从杯子口看到完整的画片呢？

哈哈，画片和艾米玩躲猫猫呢！当杯中灌满水的时候，光想要透过杯壁到达杯底的小画片，行走路线变得十分曲折，它们一会儿入水，一会儿折返到空气中。这样一来，由小画片传递到眼睛里的光就会少得可怜，我们也就难以看到它了。

知识链接

现实生活中，人们经常被光欺骗。就拿游泳池来说，看起来不过齐腰深的水，实际上完全有可能没到脖子。原因就是水底的光从水中射入空气的时候，在水与空气的临界点发生了折射，从而造成一种视觉假象。

"艾米，快用你的渔叉抓住这条'小鱼'！"

呵呵，其实克莱尔没有真小鱼，他正用绳子拴着一块小石头，让它在水里"游泳"，陪艾米做游戏呢！

"小鱼，我来了！"艾米举着小叉子扎向小石头。

"为什么总是扎不准呢，克莱尔？"

"因为从空气照到水里的光已经发生了折射，所以小石头的实际位置与你看到的并不完全一样，准确地说，它的位置要比看到的略偏一些。"

瘦筷子和胖筷子

你需要准备：

透明的方杯子
透明的圆杯子
水
两根筷子

实验开始：

1. 两个杯子分别倒上半杯水；

2. 把两根筷子分别插在两个水杯里；

3. 观察两根筷子的状态；

4. 取出杯中的筷子，再次观察它们的状态。

有趣的现象：

两根喝水的筷子，也不知究竟喝了多少水，总之，圆杯子里那根似乎变胖了。但是，当你把它们从水里取出来的时候，却发现两根筷子还是原来的模样。

哦，这根筷子偷喝水，所以变胖了。可是方杯子里那根为什么还是瘦瘦的，它难道没喝水吗？

胖筷子其实也没喝水，我们都被它们骗了。光线通过两个杯壁到达筷子的过程是不一样的，圆杯子让光发生了折射，这也是筷子变胖的根本原因。

知识链接

当光线从一种透明介质斜射入另一种透明介质的时候，传播方向可能会发生变化，这种情况下光的折射就发生了。放大镜、望远镜、显微镜等光学仪器，都是利用光的折射原理制成的。

"你想不想换一块大手表，克莱尔？"艾米问。

"换表？为什么要换表呢？"克莱尔疑惑地问。

"换块大手表吧，反正不要钱的。"

艾米说完，就听见"扑通"一声，克莱尔的手表被丢进了那个圆水杯里，是艾米干的。

"我的天，手表真的变大了。"克莱尔端起水杯，看着泡在杯里的手表。

"它变大了不是吗？"艾米兴奋地问。

"是变大了，它被水做的'放大镜'放大了——但是艾米，它也真的报废了。"克莱尔心疼得直挠头。

83

骗人的小汽车

你需要准备:

圆形玻璃杯
水
半张A4白纸
水彩笔

实验开始:

1. 在白纸上画一辆小汽车,给它涂上美丽的颜色;

2. 给玻璃杯倒满水;

3. 将画着小汽车的白纸放到你的对面,玻璃杯后面;

4. 从左向右移动白纸,观察水杯上小汽车的状态。

有趣的现象：

小汽车的方向盘握在你手里，你让它从左向右开动，但是你看到的画面却是小汽车正在从右向左行驶！

不对不对，小汽车搞错方向了！克莱尔，它为什么要违反我的规则？

哈哈，违规的小汽车，其实它也很委屈。因为装满水的圆形玻璃杯实际相当于一面凸透镜，透过它到达小汽车的绝大部分光线已经改变了传播方向。

知识链接

我们都知道，汽车方向盘是操纵车辆行驶方向的重要装置。但是，汽车刚刚问世的时候，是靠车舵掌控方向的。车舵的功能性不算差，然而工作的时候会产生剧烈的振动，舒适感极差。1890年，德国戴姆勒汽车公司生产的派立生汽车，首次安装了倾斜式的方向盘。

"克莱尔，你的鼻子变大了，快说，你把小鱼干藏到哪里了？"

　　"家里真的没有小鱼干了。"

　　"不对，你的鼻子变大了，所以你肯定在说谎！"

　　"我的鼻子变大了，那是因为你在用放大镜看啊！"

落山的太阳追不上

你需要准备：
一摞书
台灯
一个保温杯
热水

实验开始：

1. 将热水倒进保温杯，小心不要烫手；

2. 从左到右按顺序，将书、保温杯和台灯摆成一条直线；

3. 调整书的数量，让整摞书的高度刚好挡住台灯的灯泡；

4. 打开台灯，躲到书后面观察灯光的状态；

5. 关掉台灯，躲到书后，继续观察灯光的状态。

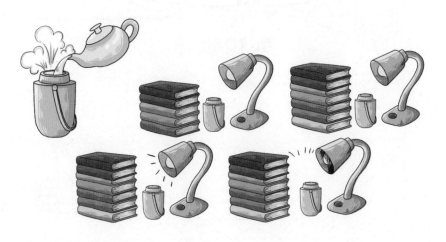

有趣的现象：

其实在你的眼睛里，灯泡已经不见了，因为不仅书挡着它，一杯热气腾腾的水也来捣乱。但是灯光真的很厉害，不论书还是水汽，全都挡不住它！

哦，灯光升起来！可是灯都关了，为什么灯光还会在我的眼睛里多待一小会儿呢？

是水汽让灯光学会了耍赖皮。由于台灯的光是透过水蒸气进入眼中的，所以这期间会浪费一点儿时间。其实你也可以这样理解，灯被关掉之前发出的一部分光穿透重重雾气来看你，只是不得已迟到了一步。

知识链接

其实，每个黄昏我们看到太阳落山的时候，真正的太阳已经落下去好几分钟了。但是因为落日的余晖需要穿透大气层才能被我们看到，而厚厚的大气层里充满了水汽，所以导致了这个时间差。

今天是个好天气，艾米躺在舒适的小窝里，伸胳膊伸腿晒肚皮。

"哦，太阳爱猫咪，猫咪爱太阳。你有什么关于太阳的疑问吗？"克莱尔蹲在猫窝边问艾米。

"我想知道那个叫夸父的人到底有没有追上太阳。"艾米说。

"没追上，这真是太遗憾了。"

"我知道为什么没追上！"艾米抢着答道。

"为什么？"

"因为每次他赶到太阳身边的时候，太阳就已经下山回家了，这真是太遗憾了。"

星光的旅行

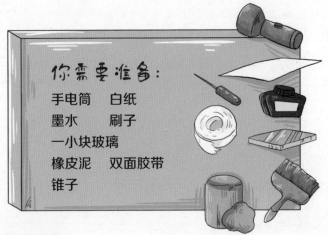

你需要准备:

手电筒　白纸
墨水　　刷子
一小块玻璃
橡皮泥　双面胶带
锥子

实验开始:

1. 剪下一块圆形白纸,面积与手电筒的头等大;

2. 用刷子蘸墨水,将圆形白纸涂黑并晾干;

3. 将晾干的黑纸中间钻个孔粘在手电筒头上;

4. 找个地方固定手电筒,使它的光可以透过小孔斜照在墙上;

5. 把一块橡皮泥贴在手电筒光照到墙的位置上;

6. 站到手电筒旁边,一手举起玻璃,确保手电筒发出的光可以透过玻璃照到墙上;

7. 观察手电筒投在墙上的光点的位置。

有趣的现象：

虽然你没有挪动手电筒，但它还是开小差了。没错，手电筒透过玻璃在墙壁投下的那个光点，居然和直接照墙壁留下的那个光点不在同一位置上。

咦，光点跑开了？克莱尔快说，是你偷偷动了手电筒对不对？

你要相信我，这件事是玻璃干的！因为玻璃出现之后，手电筒的光需要穿过两种不同的物质才能到达墙壁，那就是空气和玻璃。光在这个过程中，速度和角度都会发生改变。所以，投在墙上那个光点的位置也不一样了。

知识链接

黑夜里的星光想到达地球，要经过一段漫长的旅程，最终还需穿过一层层厚度不同、温度不同的大气。所以一眼望去，星星的亮度都是不一样的，有的亮一点儿，有的暗一点儿。

"克莱尔，光能不能跑得慢一点儿呢？"

"当然了，光在水里的传播速度就变慢了。"

天黑了，艾米邀请杰西和手电筒发出的光赛跑，目标就是花园里的那棵树。

"加油杰西！你有四条腿，光可是没有腿的。"艾米对杰西喊道。

"累……累死我了……"杰西气喘吁吁地回答。

"杰西，我知道它为什么又赢了。"艾米举着手电筒说。

"没腿还能跑那么快，为什么？哼，我认为它一定作弊了！"

"不是作弊，只不过是因为光在空气里跑得很快很快！"

"那怎么办？"

"加油杰西，跳到水池里再比一次！"

神奇的眼镜

你需要准备:

偏光太阳镜
电子表

实验开始:

1. 戴上太阳镜,观察电子表;

2. 慢慢转动电子表,继续观察表盘情况。

有趣的现象：

没错，这恐怕是你见过的最神奇的眼镜了！当你刚戴上它看表的时候，一切都正常，可是转了转电子表的角度，你会发现无法看见表盘上的数字了。

不好不好，是我眼睛坏了还是表坏了？克莱尔，快拿出小鱼干让我瞧一瞧！

不怕不怕，你的大眼睛好好的，表也好好的！能够透过偏光镜的光全都是倾斜的，所以当表盘旋转到某一角度，盘面发出的光恰巧垂直于眼镜片的时候，我们就看不到表盘上的数字了。

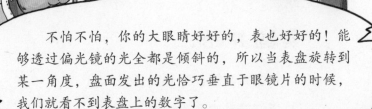

知识链接

偏光太阳镜是个不折不扣的"护眼小卫士"，因为它可以过滤掉那些直射过来的光线，从而可以避免强烈光照对眼睛造成的伤害。

艾米躲在窗帘后观察克莱尔好一会儿了，它发现克莱尔轻手轻脚地从电脑屏幕上撕下了一层不知是什么的东西。

　　"你在搞破坏吗？"艾米终于忍不住要管管了，它后脚一蹬就蹿到了克莱尔的肩膀上。

　　"艾米，你吓了我一跳。"克莱尔说。

　　"快说快说，你偷偷摸摸地在干吗？"

　　"电脑的偏光膜该换了。"

　　"偏光膜？就是偏光镜吗？"

　　"真是聪明的艾米！偏光膜和偏光镜的原理是一样的，有了这层膜的保护，电脑显示器发出的光就不会直照人的眼睛了。"

光被**吞掉**了

你需要准备：

瓷杯子
玻璃杯
水　手电筒
一小块玻璃
小板凳

实验开始：

1. 找到一面洁白的墙壁，靠墙放一个小板凳；

2. 将瓷杯子、玻璃杯、玻璃摆在小板凳上，摆成一条直线，别忘给玻璃杯倒满水；

3. 拉上窗帘，尽量降低屋内的亮度；

4. 打开手电筒，让它的光直照到小板凳上方的墙壁上，观察墙壁上的影子。

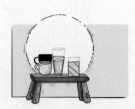

有趣的现象：

瓷杯子后面一片漆黑，玻璃后面只有个浅浅的影子，玻璃杯后面影子的颜色不太黑也不太淡。哦，影子和影子还真是不一样。

哇，好像毛笔故意画成那样的！影子的颜色为什么不一样呢？

这是因为这些物体阻碍了光线的传播！光线通过任何物体都需要付出代价，而区别只在于损失多或者损失少。其实你可以这样想，陶瓷杯子后面的影子最黑，恰恰说明了它吞掉光的能力最强大。

知识链接

简单地说，吸光指的就是光线通过某种物质之后的强度，低于该光线通过这种物质之前的强度。光在传播过程中变暗了，说明一部分光能已经在运行途中被吸收掉了。

"光也会损失？克莱尔，损失就是浪费对不对？"

"没错，灯泡发出的光也是这样，距离越远，亮度也就越低。"

"你应该把灯泡安在地板上。"艾米望着天花板说。

"什么，灯泡为什么要安在地板上？"

"因为灯光从头顶照下来，路上一定浪费了好多亮光，听懂了吗克莱尔？"

家中请来北斗星

你需要准备：

锥子　铅笔
有盖的鞋盒
手电筒
裁纸刀

实验开始：

1. 用铅笔在鞋盒盖上画出勺子形的北斗星；

2. 拿起锥子，在鞋盒盖上北斗七颗星所在的位置钻孔；

3. 在盒底中央位置画一个比手电筒头略小的圆；

4. 把画好的圆裁掉，让手电筒头留在盒子里，柄从圆洞中穿过来；

5. 拉上窗帘关上灯，让屋子的亮度降到最低；

6. 打开手电筒，盖好鞋盒盖，端起鞋盒，开始观察天花板的状况。

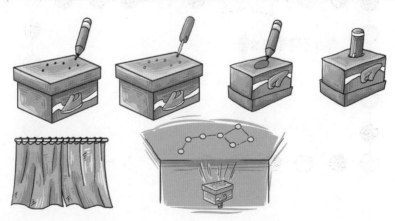

有趣的现象：

一个扎了洞的鞋盒，还有什么用呢？但是当一切准备就绪，你望向天花板的时候，神奇的一幕出现了——头顶有七颗闪亮的星星。

哇，北斗星到家了！克莱尔，你是怎么把它们请来的？

哈哈，手电筒本领大，它把星星请到家！因为屋内空气比较均匀，所以手电筒的光能够比较顺利地直接照到天花板上。我们还可以用这个方法，把大熊座请过来！

知识链接

大熊座是北天极上的一个星座，它周边还有小熊座、小狮座、仙后座等著名星座，北斗七星就镶嵌在大熊星座里。

"克莱尔，北斗星不见了，它们为什么要藏起来？"

当克莱尔重新打开屋子里的灯，艾米发现屋顶的北斗星瞬间就不见了。

"那是因为灯光太强烈，它的强度已经超过了天花板上北斗星的亮度。你想想白天开灯的时候，是不是也感觉不到灯光的存在？"

让小·秘密显形

你需要准备：

纸条
笔
信封
固体胶
喷雾发胶

实验开始：

1. 在纸条上写下一个小秘密；

2. 把小纸条装进信封里；

3. 用固体胶给信封封口；

4. 试试能不能隔着信封看清小纸条上的字；

5. 将发胶喷在信封上；

6. 调整小纸条的位置，透过发胶观察字迹。

有趣的现象：

你一定以为，信封是个保险箱，不可能泄露你的秘密。事实上，喷过发胶的信封已经完全变了样，它几乎变得像块保鲜膜了。

哇，我的秘密泄露了！克莱尔，信封为什么不肯保密了？

那是因为超级泄密者来了，它就是发胶！我们看不清纸条上的字，是因为空气里的光线到达信封时就被拦住了。但是，发胶会让信封变得质地均一，从而使得光线顺利通过，显出纸条上的字。

知识链接

作为一种美发用品，发胶的塑形能力的确够强大，它不仅能让你的发型变得更美观，而且可以迎风不乱，但是久用会危害人体健康，我们还是要尽量少用发胶哟！

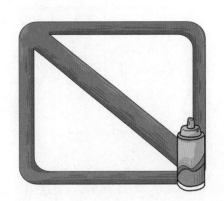

杰西围着一棵树已经跑了十圈了，艾米不追了它还在跑，结果没注意，摔在了地上。

"站住杰西！不许跑！"艾米按住杰西说。

"尊……尊敬的猫王，我已经站不住了。"杰西摇摇晃晃地喘着粗气，说话都结巴了。

"喷点嘛，不信你闻闻，真的好香啊。"

"哦，猫王，我又不参加舞会，根本不需要那玩意儿。"杰西捂着鼻子说。

原来，艾米拿着一瓶发胶，它想把杰西喷得香香的。

"好杰西，我们不喷头发好不好？"艾米劝道。

"发胶不喷头发喷哪儿？"杰西糊涂了。

"喷肚皮，让我看看今天你偷吃了什么东西。"

会变色的水

你需要准备：

一杯水　毛笔　黑墨水
小剪刀　固体胶
手电筒　少量牛奶
小块白纸（宽不超过杯壁的1/2）

实验开始：

1. 将几滴牛奶倒入杯子并搅匀；

2. 在白纸上剪一个圆洞，用墨水将纸涂黑、晾干；

3. 将晾干墨水的纸粘在水杯上，四角固定；

4. 打开手电筒，使光线正对纸上那个圆洞；

5. 站到手电筒的对面，通过杯壁观察水的颜色。

有趣的现象：

一杯掺了牛奶的水，看起来稍稍有点白，当手电筒光线通过圆洞照过来的时候，水色变亮了。但是更神奇的画面不仅如此，你会发现，这杯水变色了。

天哪，蓝色的水，一杯蓝色的水！克莱尔，加入牛奶的水为什么会变成蓝色？

那是因为蓝光最爱出风头！在七彩的光线世界里，蓝光最容易散射。之前滴入水杯的牛奶充当了散射的介质，当手电筒的光照过来的时候，蓝光很容易就显现出来了。

知识链接

蓝光光碟是一种运用蓝色激光光束来进行数据读写的光碟，因蓝光波长较短，可以让光盘内的数据排列更为精确密集。所以，蓝光光碟不仅能够存储高品质的影音资料，容量也远超前代产品。

"哦，蓝蓝的天空多好看，克莱尔，你爱蓝天吗？"艾米仰望天空感慨道。

"当然，蓝天干净又透亮，我爱死它了！不像那个杰西，从头到脚都是乌云的颜色！"

"小杰西，我也会把你变成天蓝色的。"艾米抓着杰西说。

"你不会是想给我刷油漆吧？"杰西紧张得浑身直哆嗦。

"不刷漆，只要跳进水盆里涮一涮，你就会变蓝的。"

艾米刚把几滴牛奶滴到水盆里，还来不及发出邀请呢，馋嘴的杰西已经"扑通"一声跳了进去。

泄密的玻璃

你需要准备：

不透明磨砂玻璃
透明胶带
剪刀

实验开始：

1. 找到一块不透明的磨砂玻璃，例如浴室的拉门；

2. 透过磨砂玻璃观察它后面的物体；

3. 剪几段透明胶带粘在磨砂玻璃上；

4. 通过透明胶带观察玻璃后面的物体。

有趣的现象：

磨砂玻璃就像窗帘一样，休想透过它看清什么东西。但是当你在玻璃上贴了一块透明胶带，这块硬硬的玻璃窗帘好像失灵了。

哇，看到了，看到了我的沐浴液！克莱尔，这是什么原因呢！

因为磨砂玻璃表面很粗糙，所以照过去的光线就会损失掉，但是透明胶带是光滑的，它帮助光线顺利地通过了玻璃，也让我们清晰地看到了玻璃后面的物体。

知识链接

磨砂玻璃就是通过机械喷砂、手工研磨等手段处理过的玻璃。实验室用的集气瓶的瓶口通常都是磨砂的，这样做的目的是增大瓶塞与瓶口的摩擦力，从而更好地封存气体。

"杰西，你需要一块隐身盾牌吗？就是能把你藏起来的盾牌。"艾米问杰西。

　　"当然需要，我可以举着它去超市了！"

　　"那你可以试试这块盾牌。你可以把玻璃门撞下来再举着它去超市。"艾米指着厨房的磨砂玻璃门告诉杰西。

　　"能行吗？猫王，我不会被撞晕吧？"杰西望望玻璃门，顿时没了底气。

　　"不会的，杰西，就算撞晕了也会醒来的。"

　　杰西摩拳擦掌，准备向玻璃门进攻了！

　　"哎哟！"杰西一头撞向玻璃门，顿时眼冒金星。

变色龙变色了

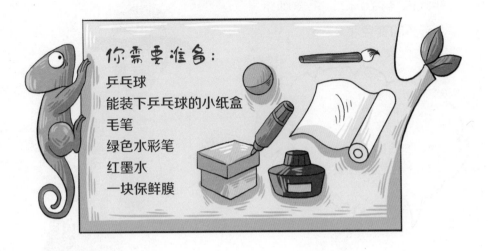

你需要准备：

乒乓球

能装下乒乓球的小纸盒

毛笔

绿色水彩笔

红墨水

一块保鲜膜

实验开始：

1. 用绿色水彩笔在乒乓球上画一条小变色龙，并将它通身涂绿；

2. 将画了变色龙的乒乓球放进纸盒，图案朝向盒口；

3. 用毛笔蘸红墨水，将保鲜膜涂红，晾干后盖在盒口；

4. 透过红保鲜膜观察那条绿绿的变色龙。

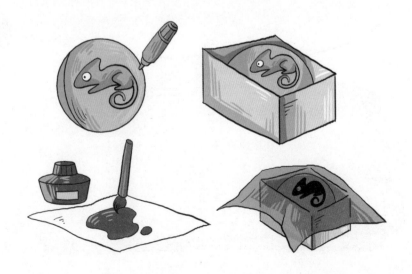

有趣的现象：

千真万确，你画的的确是绿色的变色龙。但是，当你将红色保鲜膜盖在盒子口，重新观察变色龙的时候，它真的变色了！

哇，变色龙真的变色了，它变成了一条黑变色龙！克莱尔，是不是你帮它换衣裳了？

其实是红色保鲜膜帮它换的衣裳！当自然光穿过红色保鲜膜之后，只有红光顺利闯关溜到了盒子里，又找到了你的变色龙，可是绿色却不能把红光反射回来。所以，绿变色龙就变成黑变色龙了。

知识链接

变色龙可通过调节身体表面虹细胞内的纳米晶体结构来改变光线的折射，从而变色。环境、温度，以及心情的改变，都会让它们的肤色发生改变。

"就看你的了，杰西，一定要把红绳系在尼克身上！"艾米拎着一条红绳鼓励杰西。

"放心，猫王，保证完成任务！"

嘿嘿，艾米和杰西打算给尼克系上一条红绳，然后引出公牛本杰明来对付尼克。

"我差点儿被它咬到！唉，早知道就不该把红绳系在嘴上了。"杰西后悔地说。

"克莱尔，本杰明为什么那么喜欢红色，见到就要追上去呢？"

"公牛喜欢红色只是人们的一种偏见，其实牛的眼睛对任何颜色都不敏感，公牛会猛冲过来只是因为它被激怒了，这种现象与颜色无关。"

消失的颜色

你需要准备：

一个陀螺
红橙黄绿青蓝紫七种颜色的水彩笔
剪刀
硬纸板
固体胶

实验开始：

1. 在硬纸板上画个圆，大小与陀螺底座相等；

2. 把画好的圆形剪下来；

3. 用笔画线，将圆形纸板均匀地分成七个部分；

4. 按照红橙黄绿青蓝紫的顺序，分别给纸板上的七个部分涂上颜色；

5. 把纸板粘在陀螺底座上；

6. 让陀螺快速旋转起来，观察纸板的颜色变化。

有趣的现象：

你明明画了一个七彩圆，又把它粘在了陀螺上，期待它"跳"个姹紫嫣红的舞蹈。但是，当陀螺转起来之后，七种颜色居然消失了！

颜色居然不见了，只有灰白一片！别转了克莱尔，陀螺已经吓呆了！

陀螺转得正欢畅，它可不想停下来。当七彩圆转起来的时候，丰富的色彩一瞬间闯进了我们的眼睛，但是视觉暂留现象跟不上陀螺旋转的速度，所以大脑收到的信息就是七种颜色变成了一片灰白。

知识链接

1824年，英国伦敦大学教授罗葛特在一篇研究报告中提出：在眼睛里闪过的视觉形象不会立即消失。这就是视觉暂留，也称余晖效应。我们能观赏动画片就是利用了视觉暂留这一现象。

"哦，周末去参加舞会，我需要一件白衬衫。"

"为什么是白衬衣，黑的不好吗？我觉得花衬衫也不错。"

克莱尔正在整理衣橱，艾米趁机把白衬衫藏了起来。

"白衬衫黑领带，会让我显得比较帅哦。"

"你也可以穿着这身转圈啊，转啊快转圈，克莱尔！"

"为什么，我转得累死了。"

"快点儿转，这样你的衬衫看起来就变成白色的了！"

会变脸的橙子

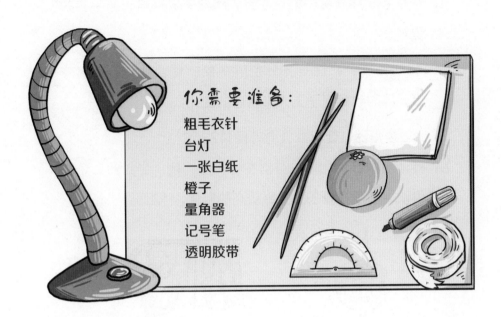

你需要准备：

粗毛衣针
台灯
一张白纸
橙子
量角器
记号笔
透明胶带

实验开始：

1. 在纸上画一个长与橙子周长相等的长方形，并且把它四等分；

2. 分别在四个部分写上"春、夏、秋、冬"后，剪下来粘在橙子上；

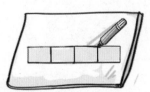 

3. 将橙子穿在毛衣针上；

4. 把台灯放在桌子上，拉上窗帘，打开台灯；

5. 垂直竖起穿着橙子的毛衣针，将橙子放到与光源平齐的位置；

6. 转动毛衣针，让灯光分别照在春、夏、秋、冬四部分上，同时观察橙子上光影状态的变化；

7. 比对量角器，让毛衣针向外倾斜23.5°；

8. 转动毛衣针，让灯光分别在春、夏、秋、冬四部分短暂停留，并观察橙子上光影状态的变化。

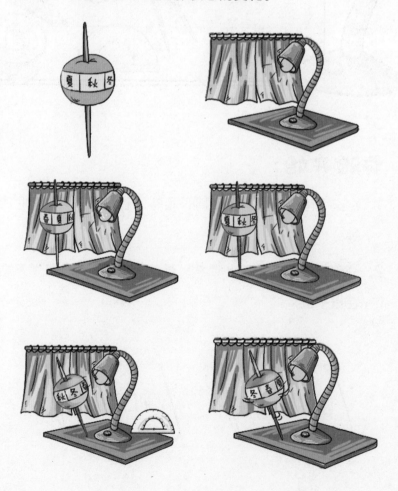

有趣的现象：

顶着橙子垂直转了一圈才知道，原来春夏秋冬被照亮的面积都一样。但是当毛衣针倾斜之后，情况大不相同，被灯光照到的部分和阴影大小都不一样了。

哇，会变脸的橙子！克莱尔，为什么它有时前面亮，有时后面亮呢？

哈哈，你可以把眼前的橙子想象成地球，发光的台灯就是太阳，而毛衣针就是地轴。假设地轴是直直的，地表上同一区域的光照永远是相同的。那样一来，我们就无法感受缤纷的四季了！

知识链接

所谓地轴就是贯穿南极和北极的那条轴线，它还有个名字叫地球自转轴。或许自转轴很清楚，如果自己站得太直了，地球就会失去美妙的四季。于是，地轴故意站歪了一点儿，它与地球公转轨道面的夹角大约是66° 34′。

"全世界，不不，整个地球，你最喜欢哪个地方？"艾米问。

"喜欢每天能吃到红薯的地方！"

"那就是红薯国？我没听说过红薯国，不过我可以找找！"

杰西努力地爬上地球仪，但是地球仪太滑了，它只能不停地跑下去。

"快呀杰西，想去哪儿就停在哪儿。"

"可……可我停不下来呀！"杰西累得气喘吁吁。